BEI GRIN MACHT SICH IHR WISSEN BEZAHLT

Bibliografische Information der Deutschen Nationalbibliothek:

Die Deutsche Bibliothek verzeichnet diese Publikation in der Deutschen National-
bibliografie; detaillierte bibliografische Daten sind im Internet über http://dnb.d-
nb.de/ abrufbar.

Impressum:

Copyright © 2018 GRIN Verlag
Druck und Bindung: Books on Demand GmbH, Norderstedt Germany
ISBN: 9783668677661

Dieses Buch bei GRIN:

https://www.grin.com/document/418604

Erik Leitenberger

Der Einsatz von Nanotechnologie in Lithium-Ionen-Batterien

GRIN Verlag

GRIN - Your knowledge has value

Der GRIN Verlag publiziert seit 1998 wissenschaftliche Arbeiten von Studenten, Hochschullehrern und anderen Akademikern als eBook und gedrucktes Buch. Die Verlagswebsite www.grin.com ist die ideale Plattform zur Veröffentlichung von Hausarbeiten, Abschlussarbeiten, wissenschaftlichen Aufsätzen, Dissertationen und Fachbüchern.

Nanotechnologie

Ausarbeitung zum Fachvortrag in Nanotechnologie

Einsatz von Nanotechnologie in Lithium-Ionen-Batterien

Kurzfassung

Die vorliegende Arbeit beschäftigt sich mit dem Einsatz von Nanotechnologie und – Materialien in der Batterietechnik. Hierfür werden dem Leser zunächst die Grundlagen der Nanotechnologie und der Batterietechnik erläutert. Aufbauend auf diesen Grundlagen wird die Funktionsweise der Galvanischen Zelle erklärt. Dieses Verfahren ist für das Verständnis der Nanotechnologie innerhalb der Batterie essentiell. Die 1991 von dem Unternehmen Sony entwickelte Lithium-Ionen-Batterie ist die Hauptbetrachtungstechnologie. Diese wird zunächst gegenüber anderen Batterien abgegrenzt. Darauffolgend werden die unterschiedlichen Möglichkeiten der Nanotechnologie erläutert. Es handelt sich um drei wesentliche Verbesserungen, darunter die Optimierung durch einen nanoporösen Separator, der Miniaturisierung der Batterie und der Optimierung der Anode. Zusammenfassend lässt sich sagen, dass die Nanotechnologie schon heute für Hochleistungsbatterien sorgt, auch für die weitere Entwicklung der Batterie gilt die Nanotechnologie als Zukunftstechnologie.

Schlagworte: Nanotechnologie, Lithium-Ionen-Batterie, Galvanische Zelle, Separatoren, Nano-Röhrchen, Kapazität

Inhaltsverzeichnis

Abbildungsverzeichnis

Tabellenverzeichnis

1 Einleitung

Das alltägliche Leben ist geprägt von der Nutzung elektrischer Energie. Schon seit der Entwicklung der Elektrizität, ist es der Wunsch der Menschheit diese Energie auch ohne Elektrisiermaschine nutzen zu können. Früh entwickelte man primitiven Speichermedien, um die Energie auch ortsunabhängig nutzen zu können. Der Siegeszug der Batterie begann.

Durch das Froschexperiment von Luigi Galvani, der Namensgeber der Galvanischen Zelle, konnte schon im Jahr 1789 die erste Umwandlung von chemischer in elektrischer Energie nachgewiesen werden. In den darauffolgenden Jahrzehnten konnte die erste Batterie entwickelt und in einer Massenproduktion hergestellt werden. Diese Entwicklung mündete in der 1991 entwickelten Lithium-Ionen-Batterie.

Auch wenn die Batterie ein sehr reifes Produkt ist, welches für den alltäglichen Gebrauch konzipiert ist, so gibt es neue Herausforderungen, auf welche die Entwicklung der Batterie reagieren muss, darunter die E-Mobility. Ganz neue Ansprüche werden an die Batterie gestellt, allen voran die Energiedichte, welche gering ausfallen muss, damit die Fahrzeuge an Gewicht verlieren, die Kapazität, um die Reichweite der Fahrzeuge erhöhen zu können und der C-Rate, damit eine höherer Leistung erzielt werden kann.

Auf diese Herausforderung kennt die Forschung bereits eine Antwort – die Nanotechnologie. Auf verschiedene Arten wird der Aufbau der Batterie durch Nanomaterialien beeinflusst. Diese Entwicklung ist noch nicht gänzlich abgeschlossen, sondern ist bis zum heutigen Zeitpunkt ein großes Forschungsgebiet. In dieser Arbeit werden die Möglichkeiten der Nanotechnologie innerhalb der Batterietechnik erläutert und an Beispielen veranschaulicht.

1.1 Einführung in die Nanotechnologie

Im Folgenden wird eine Einführung in das Technologiefeld der Nanotechnologie gewährt. Der Begriff „Nanotechnologie" setzt sich aus dem Wort „Nano", welches dem griechischem entspringt und übersetzet „Zwerg" bedeutet und dem Begriff „Technologie" zusammen. Hierbei zeigt sich, dass sich die Nanotechnologie mit Materialien in sehr kleinen Größen beschäftigt. Es handelt sich um physikalische und chemische Prozesse im Nanometerbereich. (Leydecker, 2008, S. 11)

Für ein besseres Verständnis der Größenverhältnisse wird ein Nanometer mit bekannten Größen verglichen (Abbildung 1.1).

Abbildung 1.1: Größenordnungen im Vergleich

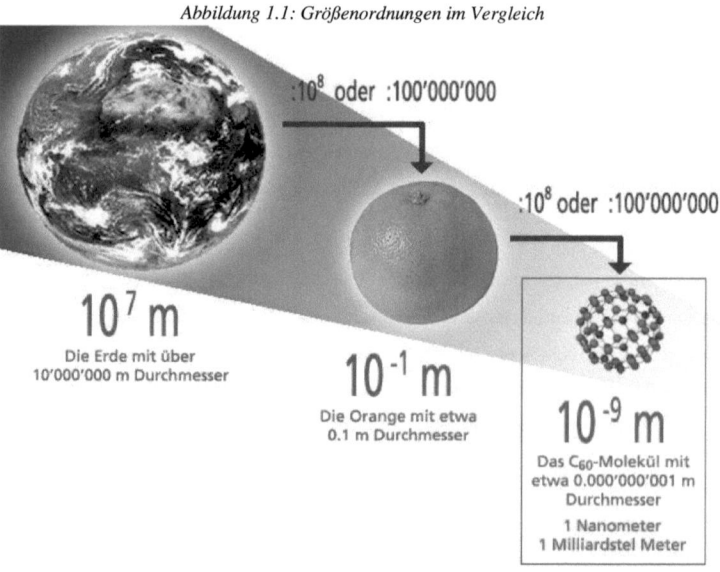

Quelle: (NANOtechnolgie)

Die Größe eines Nanometers verhält sich zu einer Orange, wie die Größe einer Orange zur Erdkugel. Somit kann sich ein Mensch diese unglaublich kleine Größe kaum vorstellen. Weitere Vergleiche zeigt Tabelle 1.

Tabelle 1: Beispielgrößen

1 Nanometer	= 1 Millionstel Millimeter	$= \dfrac{1}{1\,000\,000\ mm}$
	= 1 Milliardstel Meter	$= \dfrac{1}{1\,000\,000\,000\ m}$
		$= \dfrac{1}{50\,000\ Haardurchmesser}$

Weiterhin spricht man auf atomarer Ebene von 5-10 Atomen pro Nanometer.

Durch das Zerteilen der Materialien werden chemische und physikalische Eigenschaften genutzt, welche nur zwischen atomarer und mesoskopischer Ebene auftreten. (Kiel, 2016) Als mesoskopisch wird der Übergang zwischen mikroskopisch und makroskopisch bezeichnet. Die Größen im mesoskopsichen Bereich liegen zwischen einem Nanometer und einem Mikrometer. (Analytik-News, 2017)

Die International Organization for Standardization definiert die Nanotechnologie in der ISO/TC 229, welche sich mit dem Technologiefeld der Nanotechnologie auseinandersetzt, wie folgt: (International Organization for Standardization, 2005)

- „Das Verständnis und die Kontrolle von Substanzen oder Prozessen auf der Nanoebene, die typischerweise, aber nicht ausschließlich, in einer oder mehreren Dimensionen unterhalb von 100 Nanometern liegen und durch ihre größenabhängigen Effekte in der Regel neue Anwendungen hervorbringen."

- „Die Nutzung von Eigenschaften nanoskaliger Materialien, die sich von den Eigenschaften einzelner Atome, Moleküle und Bulk-Materialien unterscheiden und dadurch verbesserte Materialien, Anwendungen und Systeme erzeugen, die diese neuen Eigenschaften anwenden."

Das Verkleinern der Materialien auf atomare Ebene erhöht die Oberflächengröße des Materials. Dadurch findet ein größerer Kontakt zwischen dem Material und den umliegenden Materialien statt. Dieser Kontakt ändert die Materialeigenschaften. Typische Materialänderungen, welche man sich durch die Nanotechnologie zunutze macht, sind unteranderem folgende: (Chemie, 2016)

- Schmelzpunkt

- Fluoreszenz

- Elektrische Leitfähigkeit

- Chemische Reaktivität

- Härte

Aus der Vielzahl der Eigenschaftsänderungen, ergeben sich viele verschiedene Anwendungsbereiche. Die Abbildung 1.2 zeigt die verschiedenen Anwendungsfelder der Nanotechnologie.

Abbildung 1.2: Anwendungsgebiete der Nanotechnologie

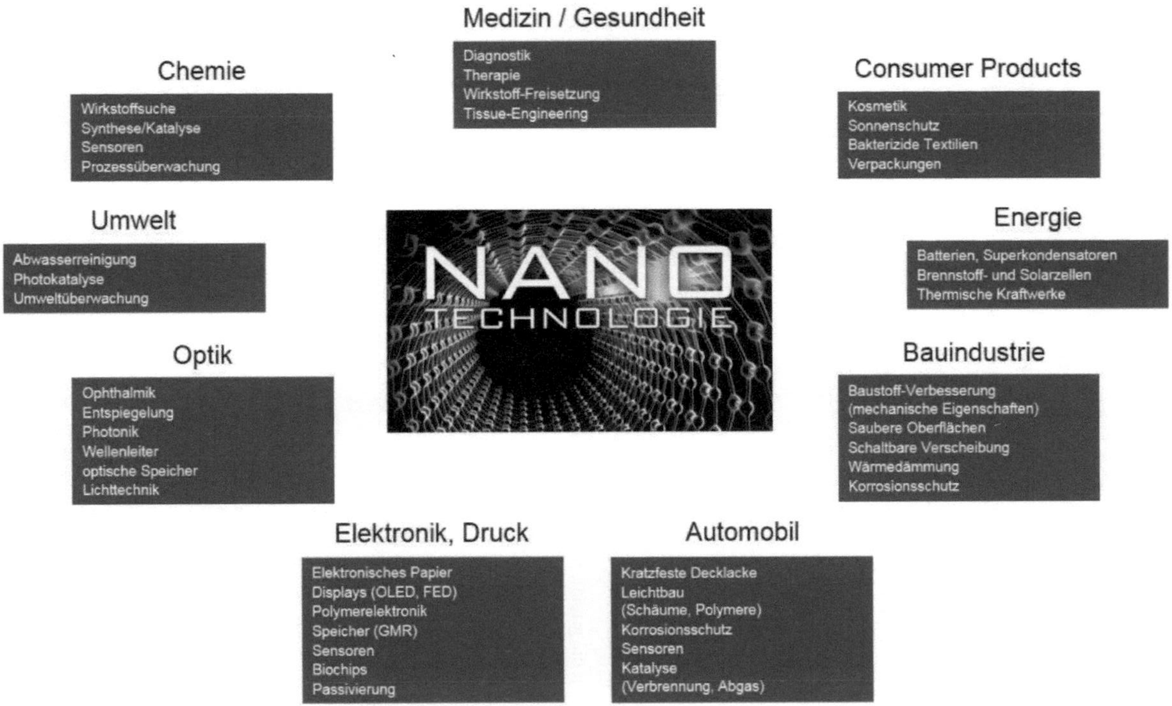

Consumer Products

Kosmetik
Sonnenschutz
Bakterizide Textilien
Verpackungen

Energie

Batterien, Superkondensatoren
Brennstoff- und Solarzellen
Thermische Kraftwerke

Bauindustrie

Baustoff-Verbesserung
(mechanische Eigenschaften)
Saubere Oberflächen
Schaltbare Verscheibung
Wärmedammung
Korrosionsschutz

Medizin / Gesundheit

Diagnostik
Therapie
Wirkstoff-Freisetzung
Tissue-Engineering

Automobil

Kratzfeste Decklacke
Leichtbau
(Schäume, Polymere)
Korrosionsschutz
Sensoren
Katalyse
(Verbrennung, Abgas)

Chemie

Wirkstoffsuche
Synthese/Katalyse
Sensoren
Prozessüberwachung

Umwelt

Abwasserreinigung
Photokatalyse
Umweltüberwachung

Optik

Ophthalmik
Entspiegelung
Photonik
Wellenleiter
optische Speicher
Lichttechnik

Elektronik, Druck

Elektronisches Papier
Displays (OLED, FED)
Polymerelektronik
Speicher (GMR)
Sensoren
Biochips
Passivierung

Quelle: (Frauenhofer, 2018)

9

In der vorliegenden Ausarbeitung beschäftigen wir uns mit dem Einsatz von Nanotechnologie in Li-thium-Ionen-Batterien. In diesem Zusammenhang sind vor allem die elektrische Leitfähigkeit und die chemische Reaktivität von Bedeutung.

1.2 Einführung in die Batterietechnik

Eine Batterie ist ein elektrochemischer Energiespeicher und Energiewandler. Bei der Entladung einer Batterie wird chemische Energie durch die elektrochemische Redoxreaktion in elektrische Energie umgewandelt. Die so entstandene Energie kann von einem vom Stromnetz unabhängigen Verbraucher genutzt werden. Es lassen sich verschiedene Zelltypen und Zellanordnungen unterscheiden.

1.2.1 Geschichte der Batterie

Kurz nach der Entdeckung der Elektrizität stellte sich die Frage, ob es auch möglich sei diese neue Art der Energie auch ohne Elektrisiermaschine verwenden zu können – also ob elektrische Energie ge-speichert und ortsunabhängig verwendet werden kann. (Shine, 2017)

Die Geschichte der Batterie beginnt im Jahre 1789. Durch ein Forschungsexperiment von Luigi Gal-vani, der Erfinder der Galvanischen Zelle, konnte die erste Umwandlung von chemischer Energie in elektrische Energie nachgewiesen werden. Hierfür steckte er Eisen- und Kupferstangen in Frosch-schenkel. Diese Stangen dienten als Elektroden. Das Salzwasser der Amphibie diente als Elektrolyt. Durch das Zucken der Froschschenkel konnte eine elektrische Aktivität nachgewiesen werden. Dieser Aufbau stellt die grundlegende Funktionsweise einer Batterie dar. (Rätikon Batterie AG, 2016)

Abbildung 1.3: Froschschenkelexperiment von Volta

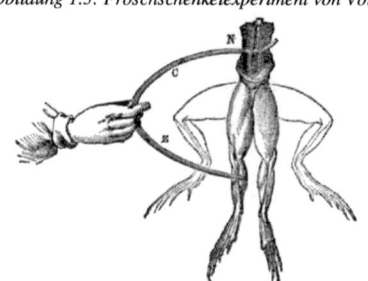

Quelle: (Lichtmikroskop.net, 2018)

Im Jahre 1800 konnte Alessandro die gewonnen Erkenntnisse nutzen und die weltweit erste einfach Batterie konstruieren. Der funktionelle Aufbau, bestehend aus Elektroden und einem Elektrolyt, ist derselbe, jedoch verwendete Volta nun Salzsäure als Elektrolyt. Ein wesentlicher Nachteil der Vol-tasäule war der vertikale Aufbau. Das Eigengewicht der Platten (Elektroden) drückte das Elektrolyt aus dem System. (Hörakustik, 2017) Dieser Fehler wurde durch die Trogbatterie von William Cruickshank behoben, da er seine Konstruktion in die Horizontale verlegte. (Hörakustik, 2017)

Der erste Akkumulator wurde im Jahre 1802 von Johann Wilhelm Ritter entwickelt. Der Grundaufbau der Voltasäule blieb vorhanden, jedoch verwendete Ritter nur Kupferplatten. Dieser Aufbau ermöglichte das Laden und Entladen der Konstruktion – der erste Akkumulator wurde entwickelt. (Hörakustik, 2017) 1899 wurde die erste alkalische Batterie produziert. Der Siegeszug der Alkan-Mangan-Zelle begann im Jahre 1960. (Rätikon Batterie AG, 2016)

Das Unternehmen Sony entwickelte im Jahre 1991 die erste Lithium-Ionen-Batterie Diese Batterie wird heutzutage in nahezu allen Mobilen Endgeräten, darunter Handys und Laptops, verbaut. Lithium-Ionen-Batterien bieten wesentliche Vorteile gegenüber herkömmlichen Batterien, darunter eine höhere Energiedichte, eine lange Lagerfähigkeit und eine sehr weite Temperaturspanne. (Shine, 2017)

1.2.2 Zellarten

Bei der Batterie unterscheidet man zwischen drei Zellarten. Die Primärzelle, umgangssprachlich auch Batterie genannt, verursacht bei der Umwandlung von chemischer in elektronische Energie irreversible Schäden innerhalb der Zellen. Nach Verwendung der Batterie ist die Energie vollständig verbraucht und kann nicht erneut verwendet werden. Die Sekundärzelle zeichnet sich hingegen durch eine Wiederverwendung aus. Die chemischen Prozesse innerhalb der Batterie sind umkehrbar. Die Lithium-Ionen-Batterie ist eine Sekundärzelle, umgangssprachlich auch Akkumulator (Akku) genannt. (Rahimzei, Sann, & Vogel, 2015, S. 2) Eine weitere besondere Zelle stellt die Tertiärzelle dar. Einer Tertiärzelle, auch Brennstoffzelle genannt, werden die chemischen Energieträger von außerhalb hinzugeführt. Durch eine kontinuierliche Zuführung kann eine zeitlich nicht beschränkte Nutzung des Energieträgers gewährleistet werden. (Wengenmayr, 2006)

1.2.3 Zelltypen

Die Zelltypen unterscheiden sich im Wesentlichen durch den Aufbau der Batterie. Über die Zeit haben sich drei Zelltypen gebildet. Jeder Zelltyp verfügt über Vor- und Nachteile und wird in unterschiedlichen Bereichen verwendet. Die Prismatische Zelle, welche auch als Flach-Zelle bezeichnet wird, besteht aus einem harten, rechteckigen Gehäuse. Die Pole der Batterie befinden sich auf einer der flachen Außenränder und sind nebeneinander angeordnet. Durch eine große Oberfläche wird eine gute Wärmeabfuhr gewährleistet. Die stabile Bauform und die verwendeten Materialien sorgen für einen idealen Schutz der Batterie und machen sie gegenüber äußeren Einflüssen sehr widerstandsfähig. Weiterhin ermöglicht die Form ein gutes Packaging, das bedeutet, dass mehrere kubische Batterien nebeneinander angeordnet werden können. Nachteilig sind ein teurer Produktionsprozess und eine geringe Energiedichte. (Voltabox, 2015) Im direkten Vergleich zur prismatischen Zelle steht die zylindrische Zelle. Diese ist zylinderförmig aufgebaut. Die beiden Pole befinden sich in gegenüberliegender Anordnung. Der zylindrische Aufbau kann sehr kostengünstig hergestellt werden und bietet eine hohe Energiedichte. Jedoch bedingt dieser Aufbau ein schlechtes Packaging, sowie eine schlechtere Wärmeabfuhr, im Vergleich zur prismatischen Zelle. (Voltabox, 2015) Die Pouch-Zelle ist die flexibelste Bauform, da sie über keine massive Außenhülle verfügt, sondern nur durch flexible Außenfolien umhüllt ist. Dieser Aufbau gewährleistet einige Vorteile gegenüber den anderen Zelltypen. Das Fehlen einer massiven Außenhülle reduziert maßgeblich das Gewicht. Der Aufbau der Batterie kann anwendungsspezifisch erfolgen und somit den Anforderungen an die Batterie angepasst werden. Weiterhin verfügt diese Batterie über die höchste Energiedichte. Anders als bei den anderen beiden Batterien ist die Form einer Pouch-Zelle nicht festgelegt. Die Fehlende Normung führt dazu, dass eine kaputte Zelle nicht ohne weiteres ausgetauscht werden kann. Weiterhin ist eine Pouch-Zelle empfindlich gegenüber Beschädigungen, da sie über kein „Hardcase" verfügt.

Zusammenfassend lässt sich sagen, dass die prismatische Zelle am platzeffizientesten ist und die zylindrische am kostengünstigsten. Die große Flexibilität der Pouch-Zelle bedingt jedoch die größte Verbreitung dieser Zelle, da sie in jedem beliebigen Endgerät verbaut werden kann.

1.2.4 Wesentliche Kennzahlen der Batterie

Eine Batterie unterscheidet sich durch die verschiedene Ausprägung diverserer Kennzahlen. Für die Ionen-Lithium-Batterie sind folgenden vier Kennzahlen relevant: Kapazität, Energiedichte, C-Rate und die Selbstentladung.

Die Kapazität bezeichnet die Menge an elektrischen Ladungen, welche die Batterie abgeben beziehungsweise speichern kann. Diese nimmt während des Verbrauches ab, da die Batterie durch den Entladevorgang altert. Die Alterung führt zu einem Verlust des Innenwiderstandes der Batterie. Diese Verluste sind bei Primärzellen irreversibel und gehen schneller vonstatten. (Chemie, 2016)

Die Energiedichte definiert die Verteilung von Energie auf eine bestimmte Masse. Je höher die Energiedichte einer Batterie, desto mehr Energie kann pro Masseeinheit gespeichert werden. Die Angabe der Energiedichte erfolgt in Joule pro Kilogramm. Generell verfügen Sekundärzellen über eine geringere Energiedichte, besitzen jedoch den Vorteil, dass sie erneut aufgeladen werden können. (Chemie, 2016)

Die C-Rate beschreibt die maximal zulässigen Lade- beziehungsweise Entladeströme, bezogen auf die Kapazität der Batterie. Aus dieser Information lässt sich ermitteln, wie lange eine Batterie bei maximalen Entladestrom entladen werden kann. (Mobilepowertest, 2015)

Eine Batterie entlädt sich mit der Zeit selber, auch wenn keine Nutzgeräte angeschlossen sind. Diesen Vorgang nennt man Selbstentladung. Zu den Ursachen der Selbstentladung zählen Nebenreaktionen innerhalb der Batterie. Diese Reaktionen verbrauchen das elektrochemische Material innerhalb der

Batterie. Ein wichtiger Einflussfaktor für die Geschwindigkeit der Selbstentladung ist die Lagertemperatur. Eine geringe Umwelttemperatur verlängert die Lagerfähigkeit und bremst die Selbstentladung. (Chemie, 2017)

1.3 Entwicklungspotential

Die Batterie ist eine sehr reife Technologie, welche aus dem täglichen Leben nicht wegzudenken wäre. Dennoch besteht auch in der heutigen Zeit noch Entwicklungspotential von Batterien. Darunter:

- Erhöhung der Energiedichte der Batterien

- Erhöhung der Kapazität

- Reduktion der Herstellkosten

- Reduktion des Gewichts

- Erhöhung der Sicherheit

Gerade die Sicherheitsaspekte von Batterien gewinnen zunehmend an Bedeutung. Im Zeitalter der E-Mobility müssen Batterien auch unter hohen Belastungen funktionieren und dürfen auf gar keinen Fall ein Sicherheitsrisiko darstellen.

Die Sicherheitsaspekte von Batterien lassen sich in die Brandgefahr und die elektrische Gefahr unterteilen. Der Hauptgrund für einen Batteriebrand stellt ein Kurzschluss dar. Dieser kann auf unterschiedliche Weise entstehen. Durch eine mechanische Beschädigung können innere Komponenten der Batterie in Kontakt kommen und einen Kurzschlusserzeugen. Eine weitere Möglichkeit stellt eine thermische Belastung dar. Hierbei schmelzen einzelne Batteriekomponenten, sogenannte Separatoren. Durch Herstellfehler kann es zu einer Verunreinigung der Lithiumzelle kommen. Diese Partikel erzeugen einen inneren Kurzschluss. (Buser, 2015, S. 8 ff.)

2 Die Galvanische Zelle

2.1 Grundlagen

Eine galvanische Zelle, ist eine Vorrichtung zur spontanen Umwandlung von chemischer in elektrische Energie. Der grundlegende Aufbau einer galvanischen Zelle wird in Abbildung 2.1 dargestellt und beseht aus Kathode, Anode, Separator und Elektrolyt. (Mähliß & Mähliß, 2012, S. 33)

Der Name geht auf Luigi Galvani zurück, einen italienischen Arzt, der entdeckte, dass ein mit Instrumenten aus verschiedenartigen Metallen berührter Froschschenkel-Nerv Muskelzuckungen auslöst. Das so gebildete Redox-System wirkt als galvanisches Element, in dem Spannung aufgebaut wird und so Strom fließen lässt. (Chemie.de, 2017)

Abbildung 2.1: Schematische Darstellung einer galvanischen Zelle

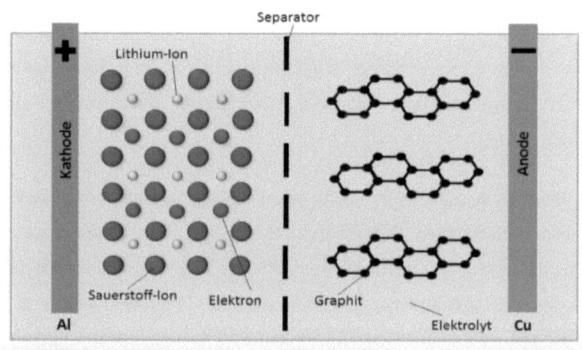

Quelle: (Mähliß & Mähliß, 2012, S. 34)

2.2 Kathode

Die positiv geladene Elektrode, die sogenannte Kathode, dient als Lithiumquelle. Die Kathode besteht in der Regel aus einem Mischoxid. Häufig verwendete Materialien sind eine Metalloxidschicht aus Kobalt, Mangan und Nickel oder die sicherere Alternative aus Lithium-Eisen-Phosphat. Die Kathode ist der Pol, an dem die Reduktion stattfindet. Die Reduktion ist dabei ein chemischer Vorgang, bei dem Elektron wird aufgenommen werden. (Rahimzei, Sann , & Vogel, 2015, S. 3)

2.3 Anode

Die Anode ist die negative geladene Elektrode. In ihr werden die für die Leistungsbereitstellung benötigten positiv geladenen Lithium-Ionen eingelagert. Anoden aus Grafit sind die aktuell am häufigsten verwendeten. Grund hierfür ist das niedrige Elektrodenpotenzial und eine geringe Volumenausdehnung bei der Einlagerung von Li+-Ionen. Die Anode ist der Pol, an dem die Oxidation stattfindet. Die Oxidation ist ein chemischer Vorgang, bei dem Ionen abgegeben werden. (Rahimzei, Sann , & Vogel, 2015, S. 3 f.)

2.4 Elektrolyt

Der Elektrolyt dient als Vermittler zwischen der Reaktion an der Kathode und an der Anode und stellt den Transport von Li-Ionen sicher. Dabei muss sich der Elektrolyt bei einer Spannung von 0 bis 4,5 V stabil verhalten und eine hohe Leitfähigkeit über eine Spannbreite von -40°C und +80°C aufweisen. Der Elektrolyt kann aus einem flüssigen oder festen Medium bestehen. Es kann in drei Arten unterschieden werden. Flüssiger Elektrolyt ist das am häufigsten verwendete. Es besteht aus einer nicht wasserhaltigen Ionen-Lösung. Polymere Elektrolyte bestehen aus, wie der Name schon sagt, aus speziellen Polymeren, also Kunststoffen, die Ionen leiten können. Vorteil dieser Methode ist die erhöhte Sicherheit, da ein fester Polymer nicht auslaufen kann. Nachteil ist eine geringere elektrische Leitfähigkeit. Dritte Art ist der Feste Elektrolyt, der wie der Polymer Elektrolyt durch seine feste Form eine erhöhte Sicherheit bietet. Aber auch hier können die festen Stoffe schlechter elektrisch leiten und sind schwer in das Material einzubringen. (Rahimzei, Sann , & Vogel, 2015, S. 4 f.)

2.5 Separator

Der Separator trennt Elektroden physisch voneinander und verhindert damit den Kurzschluss. Der Separator lässt nur den Fluss von Ionen, nicht aber von Elektronen, zu. Das verwendete Material muss also sehr porös sein. Im Falle einer Fehlfunktion, zum Beispiel einer Überhitzung, dient der Separator als Schutz, in dem ab einer bestimmten Temperatur den Ionen Fluss und somit den Stromfluss, verhindert wird. Als Materialen werden meist Polymer-Membranen eingesetzt. Diese haben jedoch den Nachteil, dass sie durch ihre geringe Schmelztemperatur (ca. 165 °C) im Vergleich zu keramischen Separatoren eine geringe Sicherheit aufweisen. Letztere besitzen durch ihre Hitzebeständigkeit vorteilhaftere Eigenschaften als Separator. (Rahimzei, Sann , & Vogel, 2015, S. 6)

2.6 Der Entladevorgang

Bei der Entladung wandern Lithium-Ionne von der negativ geladenen Anode durch das Elektrolyt und den Separator zur positiven Kathode. Dort werden die Ionen wieder eingelagert. Durch den parallel laufenden Oxidationsprozess werden Elektronen freigesetzt. Diese fließen dann ebenfalls von der Anode über die äußere Leitung zur Kathode wo sie mittels Reduktionsprozess wieder aufgenommen werden. Dieser äußere Stromfluss kann ich Verbraucher genutzt werden. (Rahimzei, Sann , & Vogel, 2015, S. 4f.)

Abbildung 2.2: Schematische Darstellung Ladevorgang

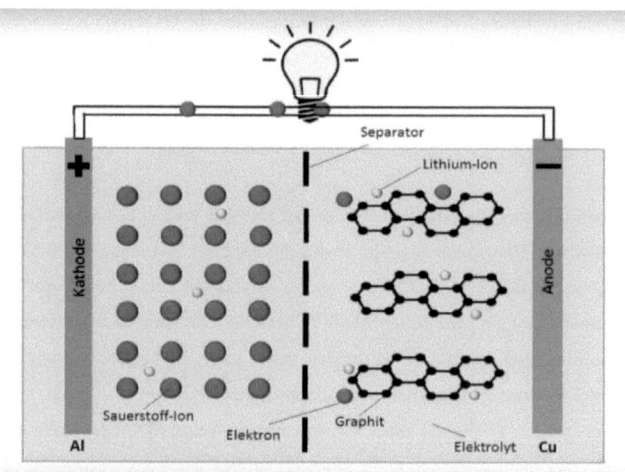

Quelle: (Mähliß & Mähliß, 2012, S. 34)

2.7 Der Ladevorgang

Der Ladevorgang ist der Umgekehrte Prozess wie bei der Entladung. Lithium-Ionen wandern von der Kathode zur Anode und werden wiederum dort eingelagert. Die Elektronen werden mittels äußerer Energie von der Kathode gelöst und wandern zurück in die Anode. Dort wird die elektrische Energie in Form von chemischer Energie eingelagert. (Rahimzei, Sann , & Vogel, 2015, S. 4f.) In Abbildung 2.3 ist der Ladevorgang dargestellt.

Abbildung 2.3: Schematische Darstellung Ladevorgang

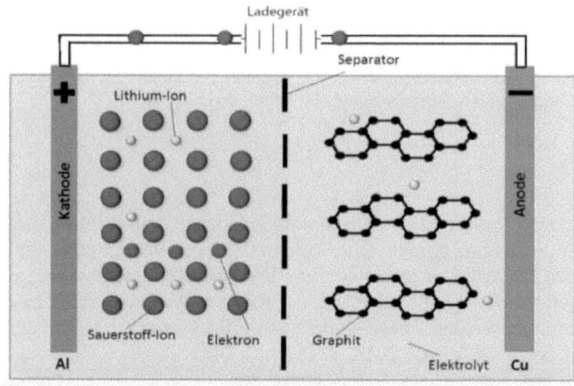

Quelle: (Mähliß & Mähliß, 2012, S. 34)

3 Die Lithium-Ionen-Batterie

In diesem Kapitel wir explizit auf die Eigenschaften und die Beschaffenheit von modernen Lithium-Ionen-Batterien eingegangen. Neben den gängigen Materialien für Anode, Kathode sowie Separator und Elektrolyt, wird anhand eines Beispiels, auf die Konkrete Umsetzung einer Lithium-Ionen-Batterie eingegangen.

3.1 Verwendete Materialien

3.1.1 Anode

Für das Material der Anode hat sich Grafit durchgesetzt. Grafit weißt eine hohe Speicherkapazität von 372 mAh/g auf. Darüber hinaus hat Grafit ein gutes Sicherheitsverhalten und eine geringe Volumenausdehnung von nur 9,2% beim Ladevorgang. Es gibt allerdings noch Materialien mit einer deutlich höheren Speicherkapazität, die aber aktuell noch nicht eingesetzt werden können. Beispiel hierfür ist Aluminium, bei dem aber die hohe Volumenausdehnung aktuell noch ein Problem darstellt. Auf Aluminium als Anodenmaterial wird im Kapitel Nanotechnologie näher eingegangen. (Ecker & Uwe, 2013, S. 67f.)

3.1.2 Kathode

Bei der Kathode haben sich drei Arten von Kathodenmaterialien durchgesetzt. Zum einen das Nickel-Mangan-Kobalt Oxid, auch NMC (vom englischen Cobalt) genannt, als zweites, Kobalt Oxid sowie als drittes Lithiumeisenphosphat. Die Eigenschaften der Materialien werden im Folgenden anhand der Kategorien: Schnellladen, Energiedichte, Entladerate, Niedrigtemperaturleistung und Lebensdauer im Abbildung 3.1 übersichtlich dargestellt.

Offene Frage aus Vortrag: Warum führt die spezifische Kapazität von der NMC Kathode auf Folie 41 nicht zu einer höheren Gesamtkapazität (46Ah) der KOKAM-Batterie auf Folie 37.

Umgerechnet auf Gramm hat die KOKAM-Batterie eine Kapazität von 0,03622 Ah/g und die NMC-Kathode eine spezifische Kapazität von 0,18 Ah/g, also 80% mehr Kapazität als die fertige Batterie. Da wir nach eingehender Recherche leider keine Quellen hierzu gefunden haben, vermuten wir, dass diese Diskrepanz daher rührt, dass die Kathode zwar eine hohe Kapazität aufweist, die fertige Batterie aber aus weiteren Bestandteilen besteht, wie beispielsweise der Anode, dem Elektrolyt und der Hülle.

Abbildung 3.1: Eigenschaften der verschiedenen Kathodenmaterialien

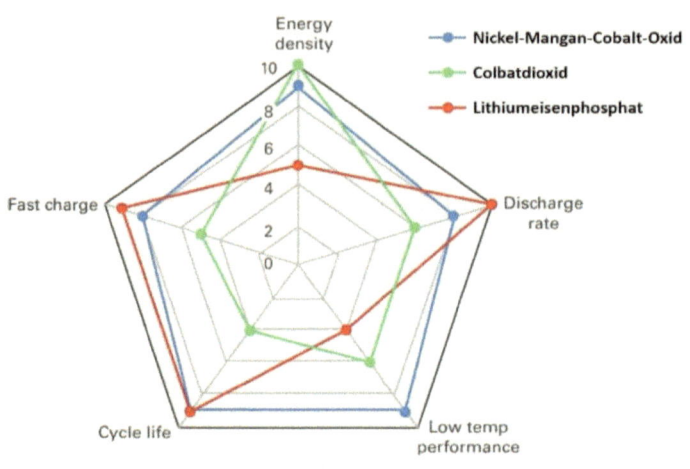

Quelle: (Käbitz, 2016)

Das Lithium-Cobaltdioxid war das erste, kommerziell eingeführte Kathodenmaterial. Es ist bis heute das am meisten verwendete Kathodenmaterial. Es zeichnet sich durch eine hohe mittlere Spannung von über fünf Volt aus und hat eine hohe Kapazität (150 mAh/g). Problematische ist das Sicherheitsverhalten bei Überladen. So blähen sich die Batterien bei einer Überladung in der Regel auf und können platzen. Auch bei hohen Temperaturen blähen sich die Batterien auf (exotherme Reaktion). (Doeff, 2012, S. 29ff.)

Nickel-Mangan-Kobalt-Oxid ist die zweite Kathoden Variante. Die Metalle werden kombiniert, um verschiedene Eigenschaften zu kombinieren. Nickel hat eine sehr gute hochstromfähig. Cobalt zeichnet sich wie erwähnt durch eine hohe Kapazität (180 mAh/g) aus und Mangan gewährleistet eine Überladestabilität. Die NMC Kathoden werden häufig für Hochleistungsanwendungen verwendet. (Mähliß & Mähliß, 2012, S. 25f.)

Lithiumeisenphosphat ist das dritte, häufige Kathodenmaterial. Die Eigenschaften dieser Kathode sind eine hohe Entnahmekapazität (160 mAh/g) eine flache Potenziallinie, was bedeutet, dass sich die Spannung über den SOC nur gering verändert. Außerdem hat Lithiumeisenphosphat ein sehr gutes

Sicherheits- und Alterungsverhalten. Der größte Nachteil, ist eine schlechte kälte Eigenschaften, was dazu führt, dass Lithiumeisenphosphat Batterien beheizt werden müssen. (Käbitz, 2016, S. 121f.)

3.1.3 Elektrolyt

In einer Lithium-Ionen-Batterie hat das Elektrolyt die Hauptaufgabe, den Li-Ionen-Transport zu gewährleisten. Die am meisten verwendete Variante sind flüssige Elektrolyte. Diese nichtwässrige Lösung, organischen Ursprungs, kann beispielsweise aus Lithiumhexafluorophosphat Li[PF6] gelöst in Ethylencarbonat (C3H4O3) bestehen. (PREVOR GmbH, 2018)

Eine eher seltene Elektrolyt Realisierung ist aus Polymeren, die in der Regel bei sicherheitsrelevanten Einsatzgebieten zum Zuge kommt. Dies leitet sich aus der Tatsache ab, das Polymere nicht auslaufen können, daher gegen mechanische Einwirkungen beständiger sind. Ein mögliches Material hierbei ist Poly-Ethylene Oxid (PEO). (Xue, Heb, & Xie, 2015)

3.1.4 Separator

Der Separator trennt wie bereits erläutert die Elektroden voneinander und verhindert somit einen Kurzschluss. Der Separator soll lediglich die Lithium Ionen hindurch lassen. Die am häufigsten verwendeten Materialien sind Polymere, zum Beispiel Polypropylen. Die Anforderungen an einen Separator sind, möglichst dünn zu sein, bei gleichzeitig hoher mechanischer und chemischer Stabilität. In Abbildung 3.2 ist ein Separator unter dem Rasterelektronenmikroskop (englisch scanning electron microscope, SEM) zu sehen. Deutlich zu erkennen ist die hoch poröse Struktur des Materials. (Xiaomin, Zhang, 2010)

Abbildung 3.2: SEM-Aufnahme Polypropylen-Separator

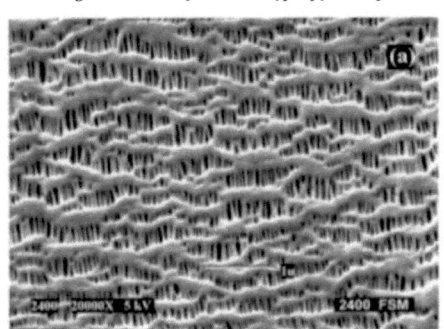

Quelle: (Xiaomin, Zhang, 2010)

Beispiel KOKAM NMC Batterie

Als Beispiel für eine Hochleistung Lithium-Ionen-Batterie wird hier auf die KOKAM NMC Batterie eingegangen. Die Batterie des koreanischen Herstellers wird unter anderem in Batteriesystemen des Darmstädter Unternehmens AKASOL verbaut. Die technischen Daten der Batterie sind in Tabelle 2 aufgeführt. In Abbildung 3.3 ist die entsprechende Batteriezelle abgebildet.

Bei der abgebildeten Zelle handelt es sich um eine Pouch Zelle, die bei der Firma AKASOL in Anwendungen der Mobilität, zum Beispiel in Bussen und LKW eingebaut wird.

Tabelle 2: Daten zur KOKAM NMC Batterie

Hersteller	KOKAM Co., Ltd.
Kathode	Alu-Folie mit Nikel-Mangan-Kobald (NMC) Oxidschicht
Anode	Kupfer mit Grafit
Separator	Nanoporös oder Polypropylen
Elektrolyt	Flüssig
Kapazität	46 Ah
Gewicht	1.270 kg
Discarge Rate	12 C
Energiedichte	135 Wh/kg
Energie	170,2 Wh

Quelle: (KOKAM Ltd., Co., 2018)

Abbildung 3.3: KOKAM NMC Batteriezelle

Quelle: (KOKAM Ltd., Co., 2018)

4 Nanotechnologie in der Batterietechnik

Aktuell kann Nanotechnologie in Batterien in den Bereichen nanoporöser Separator, Miniaturisierung der Batterie und in der Optimierung der Anode eingesetzt. Im Folgenden wird auf diese drei Bereiche einzeln eingegangen.

4.1 Nanoporöse Separatoren

Wie im Kapitel der galvanischen Zelle beschreiben, ist es für den Separator sehr wichtig, möglichst porös zu sein, um Ionen schneller, und besser zu leiten. Durch Nanotechnologie wird versucht, diese Porosität zu steigern. Die folgende Tabelle 3 soll diesen Effekt verdeutlichen.

Tabelle 3: Nano- und micro-poröse Separatoren im Vergleich

Art	Nano Separator	Mikroporöser Separator
Werkstoff	Keramikmaterial (AIO(OH), SiN, ZnO, SiO2	Polyolefine
Porösität	35-50%	30-95%
Mittlere Porengröße	10-50 nm	100-1000 nm
Thermische Eigenschaften	Wärmeleitfähig und Formbeständig bei Temperaturen über 200°C	Temperaturbeständigkeit etwa 120°C

Qeulle: (Deutschland Patentnr. DE69724513 T2, 2014)

Die Tabelle verdeutlicht, dass durch Nanotechnologie, ein Separator mit deutlich kleineren und gleichmäßigeren Poren entsteht, bei einer geringeren Variation der Porosität im Material. Dieses gleichzeitig hitzebeständigere Material ist durch seine kleinere und regelmäßigere Struktur deutlich leitfähiger und belastbarer als herkömmliche Separatoren. (Ausschusses für Bildung, Forschung und Technikfolgenabschätzung, 2013, S. 53)

Diese Technologie kommt heute schon in Batteriesystemen der Firma AKASOL GmbH in Darmstadt zum Einsatz. Die Firma entwickelt und produziert Hochleistungstraktionsbatterien, die unter anderem im Schiffbau in Lkws und Linienbussen zum Einsatz kommen.

21

Abbildung 4.1: Schematische Darstellung Nano-Membran

● Li⁺

Quelle: (Wang & Zhang, 2016)

Vorteile der Nanomembran ist eine höhere Belastbarkeit der gesamten Batterie. Dies wirkt sich zum einen auf die Lebenszeit bzw. die Zyklen Stabilität aus und zum anderen auf die C-Rate, mit der die Batterie belastet werden kann.

Abbildung 4.2: Vergleich Lebensdauer einer Batterie mit und ohne Nanoseparator

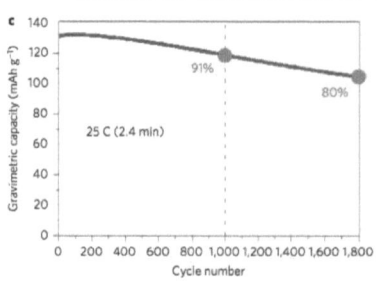

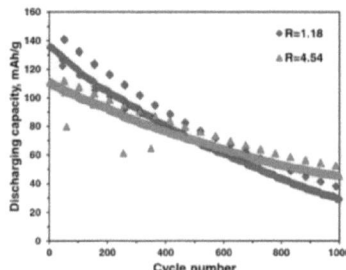

Kapazität über Zyklen: Nano NMC   Kapazität über Zyklen: Normale NMC

Quelle: (Xu & Deshpande, 2015)

4.2   Zellen mit Nanoröhrchen

Nanotechnologie wird weiterhin zur Miniaturisierung von Batterien eingesetzt. Dieser Entwicklung liegt das Prinzip je kleiner, je besser zugrunde. Durch die Miniaturisierung der Batteriezellen wird die Oberfläche stark vergrößert, was zu verbesserten Eigenschaften wie Ladegeschwindigkeit und Energiedichte beeinflusst. In Abbildung 4.3 ist die schematische Darstellung dieser Nanoröhrchen Zelle zu sehen. Die Zelle hat die Form einer Platte, mit Zahllosen, regelmäßig angeordneten Löchern. (Braun & Nuzzo, 2014, S. 962–963)

Abbildung 4.3: Schematische Darstellung der Nanoröhrchen Zelle

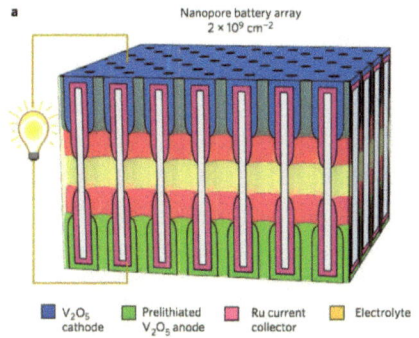

Quelle: (Braun & Nuzzo, 2014)

Diese sogenannten Nanoporen sind in Abbildung 4.4 nochmals genauer zu erkennen. Mit einer Gesamthöhe von 50 μm ist die gesamte Batteriezelle so dick wie die Kupferkathode einer heute handelsüblichen Lithium-Ionen Batterie. Der Miniaturisierungsfaktor auf Zellenbasis beträgt für die Nanozelle dabei über 75%. (AZO Materials, 2011)

Abbildung 4.4: Schematische Darstellung einer einzelnen Nanoporen

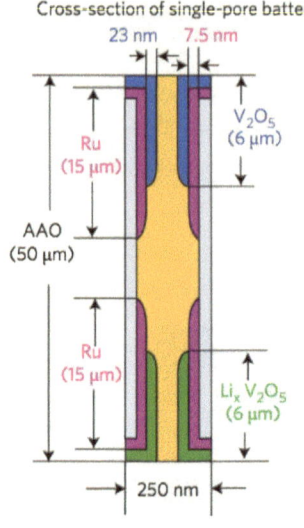

Quelle: (Braun & Nuzzo, 2014)

4.3 Anode mit Nanokugeln

Das dritte Einsatzgebiet von Nanotechnologie in der Batterietechnik befasst sich mit dem Problem, dass Grafit zwar eine relativ hohe elektrische Kapazität hat, diese aber mit einem hohen Volumen verbunden ist. Aluminium hingegen hat eine deutlich höhere Kapazität pro Volumen, im Vergleich zu Grafit hat. Die Herausforderung in der Verwendung von Aluminium als Anodenmaterial lag bisher in der sehr starken Wärmeausdehnung, was zu Problemen beim Schnellladen führte. (Sa, Jungji, & Yu Zeng, 2017)

Die Lösung hierfür wurde in der Verwendung des sogenannten Ei-Prinzips gefunden. Hierbei wird eine harte Schale aus Tiandioxid (TiO$_2$) um das Eigelb in Form eine Aluminiummolekühls gelegt. So kann das Aluminium sich unter Wärmeeinfluss dehnen, ohne die Gesamtstruktur zu gefährden. Die Titandioxid-Schale bleibt dabei stabil und hält die Anodenstruktur. Die Kapazität der Anode kann bei verringertem Volumen um Faktor 3 verbessert werden. Die erhöhte Kapazität führt zu einer besseren Energiedichte (kWh/kg). (Sa, Jungji, & Yu Zeng, 2017)

Somit können platzsparende Akkus entwickelt werden, die gleichzeitig mit einer höheren C-Rate betrieben werden können. In Abbildung 4.5 ist ein solches Nanokonstrukt aus Aluminium und Titandioxid auf einem Bild aus dem Rasterelektronenmikroskop zu sehen. (Sa, Jungji, & Yu Zeng, 2017)

Abbildung 4.5: Aufnahme einer Nanokugel im REM

Quelle: (Sa, Jungji, & Yu Zeng, 2017)

5 Fazit und Ausblick

Nanotechnologie ist bereits heute eine für Batterien etablierte Technologie die in den verschiedenen Bereichen zum Einsatz kommt. Mittels nanoporöser Membranen werden Hochleistungs-Batterien produziert und eingesetzt. Darüber hinaus können Nanotechnologien helfen, Batterien weiter zu entwickeln und somit helfen, Batterien noch kleiner und leistungsfähiger zu gestalten. Nanotechnologien haben bei Li-Ionen und anderen Batterien das Potential, die kommenden Probleme der E-Mobilität zu lösen.

Zudem ist damit zu rechnen, dass neue Anwendungen aus der Nanotechnologie weiterhin Einzug in die Batterietechnik finden werden. Somit ist wahrscheinlich, dass in ein paar Jahren neue Technologien zum Einsatz kommen, die heute noch unvorstellbar sind. So die Kapazität einer Batterie deutlich ansteigen und die Ladezeiten werden sich reduzieren. Darüber hinaus werden Batterien immer kleiner werden und die Belastbarkeit der Zellen sowie deren Sicherheit wird weiter steigen.

6 Quellenverzeichnis

International Organization for Standardization. (2005). Abgerufen am 07. Februar 2017 von https://www.iso.org/committee/381983.html

Hamburger Abendblatt. (14. 07 2008). Abgerufen am 07. Februar 2018 von https://www.abendblatt.de/ratgeber/wissen/article107532803/So-klein-ist-ein-Nanometer.html

Mobilepowertest. (2015). Abgerufen am 08. Februar 2018 von http://mobilepowertest.de/c-rate-akkus

Voltabox. (2015). Abgerufen am 08. Februar 2018 von http://www.voltabox.ag/technologien/zelltypen/

Chemie. (2016). Abgerufen am 07. Februar 2018 von http://www.chemie.de/lexikon/Nanoteilchen.html

Rätikon Batterie AG. (2016). Abgerufen am 07. Februar 2018 von http://www.raetikonbatterien.com/index.php?option=com_content&view=article&id=19&Itemid=18

Analytik-News. (01. 05 2017). Abgerufen am 07. Februar 2018 von Analytik-News: https://www.analytik-news.de/Glossar/mesoskopisch.html

Chemie. (02. 02 2017). Abgerufen am 08. Februar 2018 von http://www.chemie.de/lexikon/Selbstentladung.html

Hörakustik. (14. 11 2017). Abgerufen am 07. Februar 2018 von http://www.hoerakustik.net/index.php?option=com_content&view=article&id=489:geschichte-batterien-und-akkus-eine-kleine-zeitreise&catid=34:batteriesonderseiten&Itemid=64

Shine. (29. 03 2017). Abgerufen am 07. Februar 2018 von https://www.shinepowered.com/2017/03/29/die-entwicklung-der-batterie/

Bine. (kein Datum). Abgerufen am 08. Februar 2018 von http://www.bine.info/publikationen/themeninfos/publikation/elektromobilitaet-was-uns-jetzt-und-kuenftig-antreibt/batteriezelle-versus-brennstoffzelle/?cHash=c7e9562847a75098770d9a2074b20293&type=333

Frauenhofer. (2018). Frauenhofer Institut. Abgerufen am 07. Februar 2018 von https://www.nano.fraunhofer.de/de/nanotech_anwendungen.html

Kiel, J. (11. 03 2016). Allum. Abgerufen am 07. Februar 2018 von Allum: https://www.allum.de/stoffe-und-ausloeser/nanomaterialien-nanotechnologie/was-sind-nanotechnologie-nanomaterialen-und-nanopartikel

Leydecker, S. (2008). Nanomaterialien. Basel - Boston - Berlin: Birkhäuser Verlag AG.

NANOtechnolgie. (kein Datum). Abgerufen am 07. Februar 2018 von http://www.webliner.ch/nano/modul1/m_b1.html

Rahimzei, Sann, K., & Vogel, M. (2015). Kompendium: Li-Ionen-Batterien. Frankfurt am Main: VDE Verband der Elektrotechnik.

Wengenmayr, R. (13. 02 2006). Welt der Physik. Abgerufen am 08. Februar 2018 von https://www.weltderphysik.de/gebiet/technik/energie/brennstoffzellen/knallgas/

Ausschusses für Bildung, Forschung und Technikfolgenabschätzung. (2013). *Nanotechnologie*. Deutscher Bundestag 15. Wahlperiode, Drucksache 15/2713. Berlin: Deutscher Bundestag.

AZO Materials. (27. 09 2011). *azom.com*. Von https://www.azom.com/article.aspx?ArticleID=5813 abgerufen

Braun, P., & Nuzzo, R. (10. 11 2014). Batteries: Knowing when small is better, A battery fabricated within a ceramic nanopore can be used for studying nanoscale electrochemical effects. *Nature Nanotechnology 9*.

Chemie.de. (09. 10 2017). *Chemie.de*. Von www.chemie.de: http://www.chemie.de/lexikon/Galvanische_Zelle.html abgerufen

Doeff, M. (17. 2 2012). Battery Cathodes. *Encyclopedia of Sustainability Science and Technology, 1*, S. 5-51.

Ecker , M., & Uwe, D. (03. 12 2013). BATTERIETECHNIK LITHIUM-IONEN-BATTERIEN. *MTZ Wissen*, S. 66–70.

Käbitz, S. (2016). *Untersuchung der Alterung von Lithium-Ionen-Batterien mittels Elektroanalytik und elektrochemischer Impedanzspektroskopie.* Nordhorn: Dissertation RWTH Aachen.

Kaimai, N. K.k. (17. 06 2014). *Deutschland Patentnr. DE69724513 T2.*

KOKAM Ltd., Co. (06. 01 2018). *KOKAM.* Von KOKAM.com: http://KOKAM.com/cell/ abgerufen

Mähliß, J., & Mähliß, J. (01. 08 2012). Aufbau und Funktion von Litium Ionen Batterien. *Elektronik ecodesign.*

PREVOR GmbH. (05. 01 2018). *prevor.* Von http://www.prevor.com/: http://www.prevor.com/de/lithium-ion-batterien-chemische-gefahr-in-unseren-autos abgerufen

Rahimzei, E., Sann , K., & Vogel, M. (2015). *Kompendium: Litium Ionen Batterie.* Frankfurt a.M.: VDE.

Sa, L., Jungji, N., & Yu Zeng, C. (25. 02 2017). High-rate aluminium yolk-shell nanoparticle anode for Li-ion battery with long cycle life and ultrahigh capacity. *Nature Communications volume 6.*

Wang, X.-G., & Zhang, X. (1. 4 2016). Recent progress in rechargeable alkali metal–air batteries. *Green Energy & Environment.*

Xu, J., & Deshpande, R. (20. 03 2015). Electrode Side Reactions, Capacity Loss and Mechanical Degradation in Lithium-Ion Batteries. *Journal of The Electrochemical Society.*

Xue, Z., Heb, D., & Xie, X. (15. 05 2015). Poly(ethylene oxide)-based electrolytes for lithium-ion batteries. *Journal of Materials Chemistry A.*

Xiaomin, Y.; Zhang, X; (10.03.2010): Biaxially oriented porous membranes, composites, and methods of manufacture and use, Veröffentlichungsnummer: US20110223486 A1